手绘力量

中 HAND-PAINTED
国 POWER OF CHINA

名师手绘

Hand-drawings by top designevs

中国手绘力量 编著

U0390694

中国建筑工业出版社

图书在版编目（CIP）数据

名师手绘 / 中国手绘力量编著. — 北京：中国建筑工业出版社，2017.3

ISBN 978-7-112-20350-5

Ⅰ.① 名…　Ⅱ.① 中…　Ⅲ.① 室内装饰设计—作品集—中国—现代　Ⅳ.①TU238.2

中国版本图书馆CIP数据核字（2017）第012649号

责任编辑：王砾瑶　戚琳琳　范业庶
责任校对：焦　乐　关　健

名师手绘

中国手绘力量　编著

＊

中国建筑工业出版社出版、发行（北京海淀三里河路9号）
各地新华书店、建筑书店经销
北京京点图文设计有限公司制版
北京方嘉彩色印刷有限责任公司印刷

＊

开本：787×1092毫米　1/12　印张：13⅔　字数：163千字
2017年6月第一版　2017年6月第一次印刷
定价：103.00元
ISBN 978-7-112-20350-5
　　　（29678）

前言 Foreword

　　在现代化高速发展的今天，设计学不仅成为艺术学派中最具商业价值的一门学科，同时从学派艺术中脱离出来，开始慢慢讲究效率和方法。设计学不像艺术创作那么单纯直接，它的科学性和发展性逐渐比它的主观创作更具价值。在发达国家中，设计学的水平高低已成为衡量当地文明发展水平的重要标准。在这样的一个背景下，我国的设计领域也有了长足的进步，当代设计师在当前应如何完善自身专业水平已是一个亟待解决的问题。

　　现在我们在设计创作的过程中掌握的方法和手段越来越多元化，其中，快速表现作为一种主要的设计手段，已慢慢被社会需求认可。无论是建筑还是室内外设计，快速表现都是在设计推敲的过程中和在正式出电脑效果图之前作为设计沟通的重要手段。设计概念阶段的头脑风暴、灵感和信息都是瞬间，一闪而过，草图的快速变现可记录设计师的思考过程，慢慢积累设计深度形成概念雏形；概念确定和平面完善后，空间和建筑的形体推敲也是通过快速表达的语言来进行设计探讨和比对，最终在多种可行性的空间分析中寻找最适合项目本身发展的空间形态。

目录
CONTENTS

设计感言　THOUGHTS OF DESIGN

　　在这个信息泛滥的网络时代，人人都能轻松得到海量的数据资料。设计行业从业者能在这种环境下汲取养分，毫无疑问是幸福的。但是越来越廉价的知识分享，越来越能轻松下载到的各式案例，应运而生的诸如《玄关设计100例》、《背景墙宝典》之类的设计速成大法泛滥一时。我们的设计师，真的就在这种环境中得到成长了吗？恰恰相反！

　　人之初都拥有创造的天性。从小朋友们的涂鸦中，可以感受到那种原始的创造欲望和能力，看似稚嫩的画面却有着丰富的语言和情感，成人难以模仿。但是随着年龄的增长，大多数人的创造天性却逐渐退化消失。而没有得以延续恰恰是受外因影响：在成长的过程中，大家都被发达的资讯"模式化"了。童年的创造天性被磨灭得无影无踪，做起设计来，只剩下盲目的模仿和低劣的抄袭，大多数设计师们早已丢失了自我、忘记了设计的本源。究竟是谁降低了设计师的门槛？是谁扼杀了设计师的创造天性？又是谁误导了中国的设计？是社会大环境的影响还是利益的驱使？

　　当下的设计师，很多都在专业成长期接受了错误的模式化教育，误入歧途。社会上形形色色的所谓设计专业培训，被一批从纸上谈兵中成长起来、没有设计实践经历的"专业人士"扛起了设计教育的大旗，传播一些模式化的表现技巧，培养了一大批有技术没思想的设计人员，这难道不是当今设计教育的可悲之处吗？在错误思想的引导下，很多毕业生，刚走出校门就想着接大案子，幻想着做成一个、拿个大奖，然后就可以睡在功劳簿上坐吃山空。但是一名设计师不能从无数的失败中总结经验、不从风雨磨练中成长、没有多年的历练，怎会成熟？何以称为一名设计师？香港著名设计师洪约瑟先生每次来庐山艺术训练营授课，不讲高大上的五星级酒店，也不讲难以捉摸的设计理念，娓娓道来的，都是一些普通的平凡人家的家居空间设计。从功能分区到平面布局，再到储物空间的巧妙利用、立面图的设计……小小的空间里反复推敲、辗转腾挪。没有烦琐的造型，没有材质的滥用，更没有花哨的造型夺人眼球；有的只是一名老设计师对生活本身的关注。这才是一名负责任的大师对后辈应有的正确引导。为普通人建造舒适的居住环境，是一名成熟设计师的基本素养，更是设计师的社会责任。

　　每个设计师都应肩负传承与创新的使命，同行间要有开放和包容的心态，而不是交流的缺失和相互的打压。设计教育传达的，应该是积极的心态、是心灵的交流，是正确行为方式的养成；而不是所谓的设计速成大法批量生产的所谓"设计师"。　美术是设计的根基，绘画可以创造美和提升设计师的艺术审美。一幅好画能让人杂念顿消，洗尘净心，作为设计师不会画画，甚至不会画草图实在让人难以想象，大家爱这个行业就要有健康的发展方向。作为设计教育的传播者应为中国设计的崛起、为中国设计界培养更多的人才为奋斗目标。以专业的精神扶正审美的方向，回归设计的本质。

陈红卫
CHEN HONGWEI

著名设计手绘艺术家
江西美术专修学院副院长
庐山艺术特训营总督学
中国手绘（国际）协会名
誉会长

已出版的书籍
《手绘效果图典藏》
《陈红卫手绘表现》
《陈红卫手绘》
《陈红卫手绘表现技法》
《手绘课堂》
《手绘视频》
《观空间》
《顶级手绘》

室内空间欣赏 | 酒店大堂

室内空间欣赏 | 大堂·展示空间

大堂·展示空间 | 室内空间欣赏

室内空间欣赏 | 家居·售楼部

风景色彩欣赏｜山水画

山水画｜风景色彩欣赏

室外空间欣赏 | 写生

写生 | 室外空间欣赏

已出版的书籍

《纯粹手绘 1·室内快速手绘表现》
《纯粹手绘 2·室内设计快速表现》
《纯粹手绘 3·室内设计快速表现》
《2012 中国当代手绘设计》
《当代中国手绘设计师 40 人》
《中国顶级手绘》
《观空间》
《顶级手绘》

连 柏 慧
LIAN BOHUI

纯粹教育创始人
最设计学院创始人
中国手绘力量发起人
中国手绘（国际）行业协会会长
广东珠海装饰设计协会副会长
广东深圳软装行业协会副秘书长
广东省装饰技能鉴定所工会主席

室内空间欣赏 | 办公会所·前台

办公会所方案
中式设计的表现运用，从对材质的表现到灯光的把握，都要做到"禅"、"意"、"韵"的味道。

办公会所·前台 | 室内空间欣赏

室内空间欣赏 | 酒店大堂吧

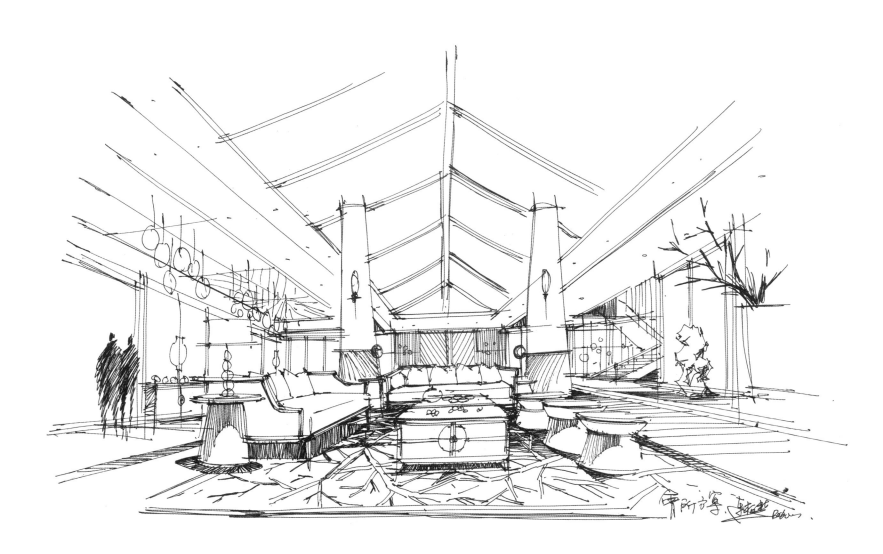

酒店大堂吧 | 室内空间欣赏

室内空间欣赏 | 酒店大堂吧

酒店大堂吧 | 室内空间欣赏

室内空间欣赏 | 销售部大堂·酒吧区

室内表现
手绘的魅力在于快速与客户沟通，将你的创意与客户要求迅速融合呈现。

销售部大堂·酒吧区 | 室内空间欣赏

室内空间欣赏 | 别墅客厅·大堂

别墅客厅·大堂 | 室内空间欣赏

"好灵感"与"好设计"，因手绘而相遇。

室内空间欣赏 | **别墅餐厅·客厅**

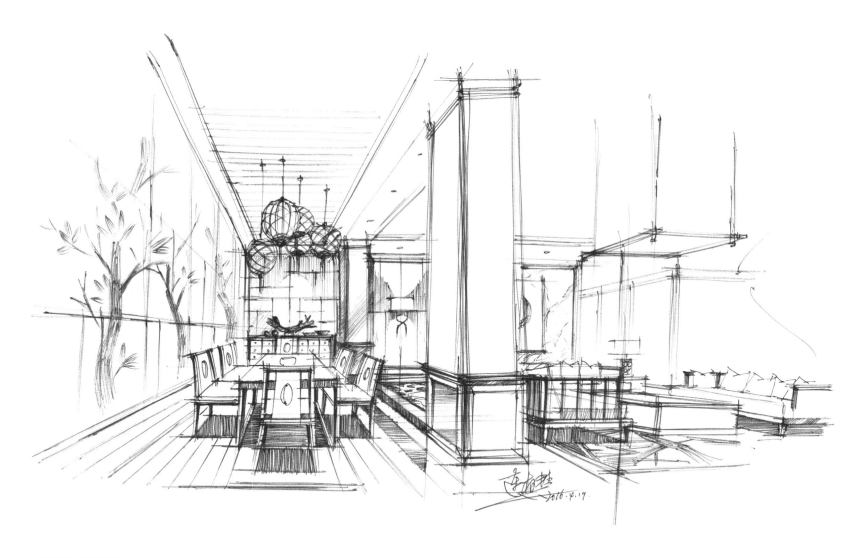

不因随意而凌乱
却因灵思无碍而涌无限的美

别墅餐厅·客厅｜室内空间欣赏

室内空间欣赏│**别墅客厅**

设计无须书上觅
灵感自因纸中来

别墅客厅 | 室内空间欣赏

屏风开陋室
隔市井的喧哗
老树立窗边
勾森林的天空

室内空间欣赏 | 别墅客厅·卧室

别墅客厅·卧室｜室内空间欣赏

室内空间欣赏 | 水韵酒店·大堂吧设计表现

水韵酒店・大堂吧设计表现 | 室内空间欣赏

空间质感

俊朗的空间印象，我们可以大胆地通过明暗关
系来体现。强烈的对比关系可以加强转折面与
转折面之间的对话，让空间更具生命力。

室内空间欣赏｜水韵酒店·大堂·包房设计表现

站点

包房平面布置图
PLAN 1:75

空间质感
草图推敲在表现中，只需要
将空间质感与体量强调出
来，注意前后的虚实变化，
准确反映空间透视比例，明
暗质感及设计概念。

技法表现
与素描方法差不多，线条可
以来回重复表现，但力度要
轻，确认形态后加重强调明
暗。铅笔与针管笔的区别就
在于铅笔更容易表现空间与
调子层次。

水韵酒店·大堂·包房设计表现 | 室内空间欣赏

室内空间欣赏│水韵酒店·宴会厅·歌剧院设计表现

水韵酒店·宴会厅·歌剧院设计表现 | 室内空间欣赏

空间的大关系梳理

对大空间的表现的要诀在于大关系的梳理，强调空间的前后关系与虚实形态把握。先将大关系作雏形描绘，再步步细化，用笔不要一步画重，而是笔笔加深，不要过于强调细节，透视与比例结构尽可能表现清晰即可。

室内空间欣赏｜水韵酒店·中餐厅设计表现

餐厅平面布置图
PLAN 1:75

● 站点

水韵酒店·中餐厅设计表现 | 室内空间欣赏

黑·白·灰

设计之始，草图的黑白灰调子关系对设计的空间关系进行快速、有效的认识，大空间关系用条梳理，然后在里面加入设计所需的"内容"，以达到手绘与设计的相互关系。

室内空间欣赏 | 水韵酒店·中餐厅设计表现

水韵酒店·中餐厅设计表现 | 室内空间欣赏

东方印象

对线稿内容的轻描淡写的刻画，是让内容性很强的画面变得轻松写意的表达形式。着色不一定用多，但重点渲染的地方应细致刻画，逼真生动的描写让主要的画面内容从丰富的层次中跳出来，才是画面控制成功与否的关键。

室内空间欣赏│水韵酒店·套房设计表现

主人房平面布置图
ELEVATION 1:75

推敲与分析

设计表现是抓住空间的重点，将可能发展的形态演变并刻画出来，从而调整对该空间的设计判断。

先将空间关系用线条理顺，然后在里面添加设计所需的"内容"，统一并协调设计手法和元素的匹配，快速草图是辅助设计师自身对设计对象的有效反映。

水韵酒店 · 套房设计表现 | 室内空间欣赏

室内空间欣赏 | 广州别墅设计·平面图

别墅首层平面布置图
PLAN 1:75

别墅二层平面布置图
PLAN 1:75

广州别墅设计·平面图 | 室内空间欣赏

别墅三层平面布置图
PLAN 1:75

别墅四层平面布置图
PLAN 1:75

室内空间欣赏 | 广州别墅设计·主人房·客厅

广州别墅设计·主人房·客厅 | 室内空间欣赏

室内空间欣赏 | 广州别墅设计·玄关·餐厅

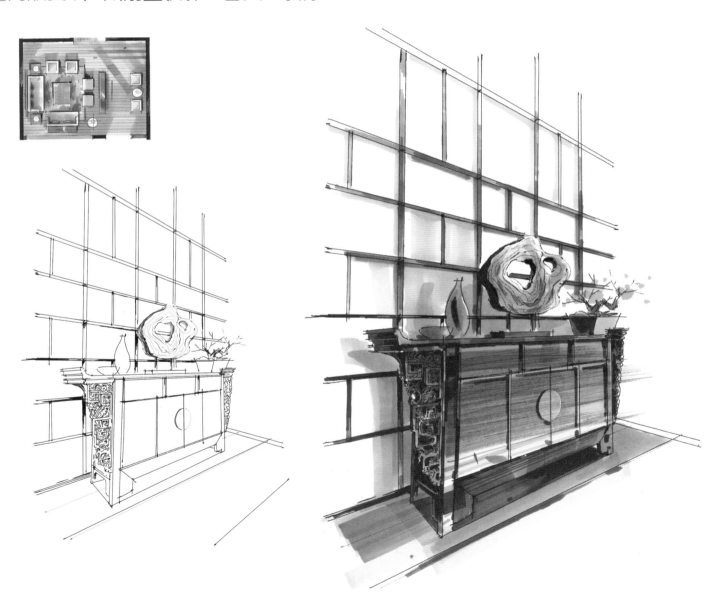

广州别墅设计·玄关·餐厅 | 室内空间欣赏

室内空间欣赏 | 广州别墅设计·会客厅

广州别墅设计·会客厅 | 室内空间欣赏

室内空间欣赏 | 广州别墅设计·餐厅线稿与色彩

别墅餐厅方案
中式设计的表现运用，从对材质的表现到灯光的把握，都要做到"禅"、"意"、"韵"的味道。

广州别墅设计·餐厅线稿与色彩 | 室内空间欣赏

室内空间欣赏 | 广州别墅设计 · 书房 · 客厅

木材质的表现先从淡到深，
要注意留白的处理。

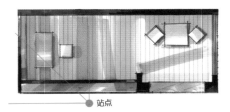

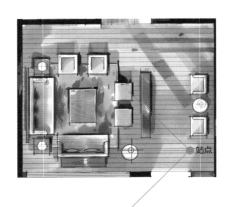

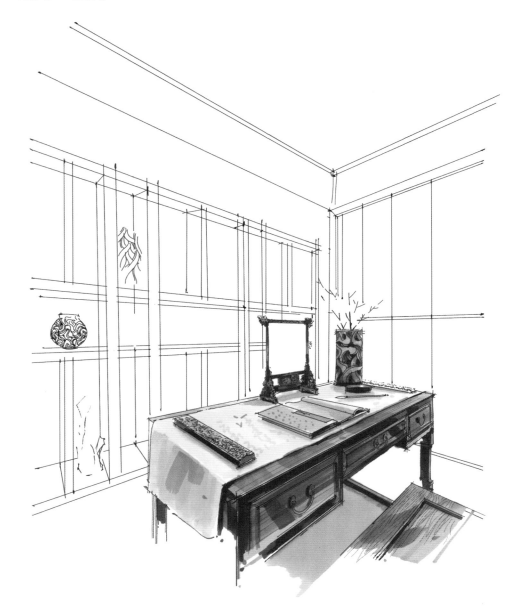

广州别墅设计·书房·客厅│室内空间欣赏

室内空间欣赏｜美景样板房·会客厅设计表现

美景样板房·会客厅设计表现 | 室内空间欣赏

上色步骤

草图推敲在表现中，只需木饰面门选择用马克笔，笔触要快、淡、准，不要画出边，天花选择整体着色，笔触要快准。大理石墙身横向行笔，最后一层加上少量的彩铅作灯光点缀色。

室内空间欣赏 | 大型商业空间

方案推敲

我们一开始构思方案时，有很多
工具可以选择，如自动铅笔、针
管笔、钢笔等，以上作品选用了
马克笔做构思表达。其实不管任
何工具，只要我们心中有形有意
即可完成！

大型商业空间 | 室内空间欣赏

室内空间欣赏 | 办公前台·商业大厅

空间思维

这是接待前厅的初步构思概念图，草草地勾一下可以帮助自己思考，有些小组讨论修改，用手绘进行推敲和进一步研究慢慢累积设计深度形成概念雏形。省去所谓装饰性的匠气。

办公前台·商业大厅 | 室内空间欣赏

室内空间欣赏 | 别墅外观·商业大厅

建筑表现

通过马克笔的大关系勾勒，将建筑形体快速表达，运用素描明暗画法，将古建筑的历史感步步呈现！

别墅外观·商业大厅｜室内空间欣赏

个人设计项目

海南三亚七仙瑶池热带雨林产权式酒店
湖北襄樊美易·美家快捷酒店
丽江天雨书苑精品酒店
广州凯怡牙科会所
成都·达观山售楼会所
成都·达观山独栋别墅私家会所
海南三亚京海成·鹿港溪山售楼处
成都南天府创意公园联排别墅样板房
西安曲江·首座大厦样板房
海口新理益·半岛一号 C 户型别墅样板房

任清泉

REN QING QUAN

深圳任清泉设计有限公司
执行董事设计总监
中央美术学院建筑学院
实践导师
清华大学美术学院
实践导师

室内空间欣赏 | 售楼部·客厅

售楼部·客厅 | 室内空间欣赏

室内空间欣赏｜客厅·书房

客厅·书房 | 室内空间欣赏

室内空间欣赏 | **餐厅·主人房**

餐厅·主人房 | 室内空间欣赏

室内空间欣赏 | 主人房

主人房 | 室内空间欣赏

室内空间欣赏 | 主人房

主人房｜室内空间欣赏

室内空间欣赏 | 客厅

客厅｜室内空间欣赏

室内空间欣赏 | 书房

书房 | 室内空间欣赏

室内空间欣赏 | 卫生间

卫生间 | 室内空间欣赏

室内空间欣赏 | 酒店大堂

酒店大堂 | 室内空间欣赏

室内空间欣赏 | 建筑外观

建筑外观｜室内空间欣赏

设计感言　THOUGHTS OF DESIGN

　　手绘表现是一种快速的表现方式，是以素描、速写、色彩为基础的。是美术院校设计专业的学生必须具备的能力之一，手绘能力的强弱能充分体现一个学生的造型能力、审美能力和综合素养，是一种便捷、合理、有效的设计方式以及必须要经历的一种设计过程，同时这种方式也是探索、训练、收集和表达设计思维的理念，探索个人设计风格的重要途径，设计作品完成是由无数张草图不断修改、完善而形成。一个想法、一个灵感、一个创意，往往是瞬间产生的，需要我们把它准确地记录下来，然后进行不断地深化、梳理。从中进行提炼、完善、成型，准确生动的表现效果，能激发和产生新的思维和灵感。手绘表现有思想、能成长、有灵魂，它体现给我们的不是简单的说明图，还应该具有很高的视觉美感和艺术上的享受。

　　"意在笔先"是中国传统造型艺术推崇的至高境界，如果"意"指的是艺术家创造性思维的活动，"笔"就应该是这种活动过程的形象展演或提炼结晶。

　　就人类的创造力与人体器官的分工关系来说，如果把"意"比作大脑，"笔"一定是指双手，二者的互动创造了文化，构筑了文明。

　　在造型艺术发展的漫长轨迹中，手绘表现几乎从来没有形成过一个完整的概念，因为人们对艺术家之手的神奇崇拜是根深蒂固的，直到计算机的出现。

　　数字化、互联网、互动媒体、综合媒介……这一串串目不暇接的炫目词语，被以计算机为代表的新技术革命浪潮波涌推出，带动了艺术创造观念和作品制作手段翻天覆地的变化，尤其是在当今的艺术设计领域。

　　以鼠标、手写板、显示屏、投影仪等为代表的设计公司环境形象与传统的画室已不可同日而语，众多资深设计师心情复杂地感叹过"换笔"的过程，院校中本应笔耕不辍的学子整体进行着按键式生存。

　　所以我想我从1986年大学毕业就开始从事环境艺术设计，用手绘来表现空间（因为那个年代还没有电脑），这么多年还在坚持做下去的原因，一是工作需要，二是还没有脱离绘画，三是喜欢。对于初学手绘的人来讲，拥有一定的造型能力，良好的立体空间关系、透视知识和色彩感觉，再了解掌握基本的画法，就可以从最简单的几何形体勾线练习，从单体到组合，从而演变到我们身边最熟悉的物体，最后从小空间到大空间的训练，你可以大胆地、夸张地画，狂画，提高培养自己的兴趣。手绘快速表现需要长时间的磨炼，从不断画的过程中来培养自己的审美素养以及综合能力，从而也使自己将眼、脑、手协调配合，只要坚持长时间的训练，定会有可喜的收获。一张优秀的手绘作品，线是最关键的，徒手快速表现是在透视比例准确的基础上追求艺术效果，满足视觉需求。画线的基本方法是用大臂带动手腕，给予适当的压力所留下的痕迹，如线绳绷起来的感觉，同时要有速度，线画得要流畅，轻重缓急、抑扬顿挫结合起来会产生很强的艺术效果。线是骨架，如果线画得不准也不够明确，空间效果就不稳定。有实有虚，通过手指很小的变化就能得到理想的效果。直线用于界定空间中物体的边和形以及描绘可观事物，根据物体的形状方向进行手腕角度的调整，因为我们要求笔和线成直角，才能画出有力度又流畅的线，无论用哪一种方法画，最终的目的是准确地表现图像，受到一些广为认可的标准支配。手绘作品必须在一定阶段上是清晰的，而且它所表现的主题必须被大多数人所辨别和认可，一幅优秀的手绘作品是由无数条线精心组合、合理布局，物体的概括、夸张取舍最终才能得到一个理想的画面和满意的效果。选择最佳的透视角度，最佳的光线配置，最佳的环境气氛，本身就是艺术创造，也是设计本身的进一步深化，你的修养加技法风格和对作品的理解以及灵感，用自己的艺术语言来表现设计的效果，才会产生强烈的视觉冲击力和感人的艺术魅力。

　　艺术源于人类本身，艺术作品赋予人类情感，让欣赏的人能感受到它的温度、内涵、生命。最后希望同学们能拿起你们手中的画笔，表现头脑中灵动的设计思维，让每一根线条都彰显出无尽的魅力。

赵国斌
ZHAO GUOBIN

中国手绘期刊编委
炫彩表现系列编委会编委
鲁迅美术学院副教授/硕士
导师/展示空间工作室主任
大连工业大学客座教授
哈尔滨设计学院客座教授
中国建筑学会室内设计分会会员

已出版的书籍
《纯粹手绘 1·室内快速手绘表现》
《室内设计手绘效果图》
《设计思维与徒手表现之基础训练》
《设计思维与徒手表现之空间快题设计》
《设计思维与徒手表现之展示空间设计》
《手绘效果图表现技法·室内设计》
《手绘效果图表现技法·景观设计》
《顶级手绘》

风景色彩欣赏 | 冬日雪地

冬日雪地 | 风景色彩欣赏

风景色彩欣赏 | 湖岸风光

湖岸风光 | 风景色彩欣赏

室外空间欣赏｜建筑风景

建筑风景 | 室外空间欣赏

室外空间欣赏｜**绿色园林**

绿色园林 | 室外空间欣赏

室外空间欣赏 | 建筑表现

建筑表现 | 室外空间欣赏

室外空间欣赏 | 细节·建筑

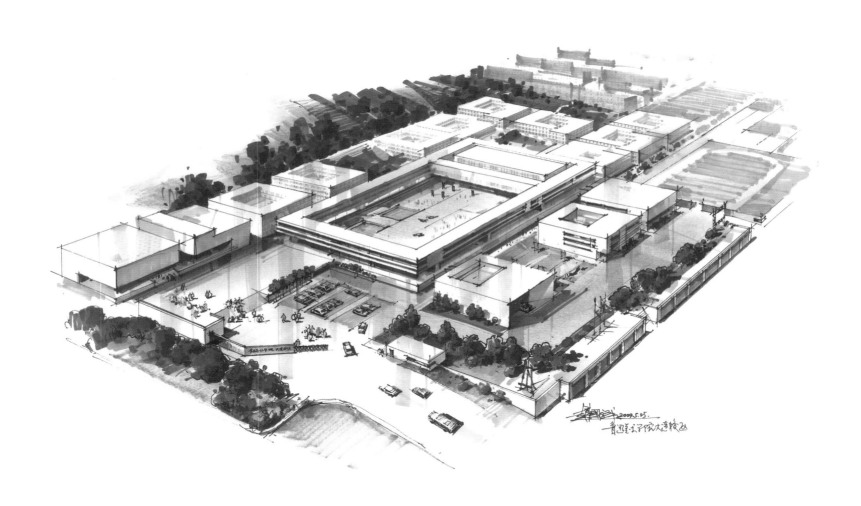

细节·建筑 | 室内空间欣赏

室内空间欣赏 | 设计草图

设计草图 | 室内空间欣赏

室内空间欣赏 | 大堂·家居

室内色彩欣赏 | 室内色彩

室内色彩 | 室内色彩欣赏

室内空间欣赏 | 客厅表现

室内空间欣赏 | 徒手表现

室内空间欣赏 | 室内客厅

室内空间欣赏｜家居

家居 | 室内空间欣赏

室内空间欣赏 | 厅堂细节

厅堂细节 | 室内空间欣赏

室内空间欣赏 | 快速表现

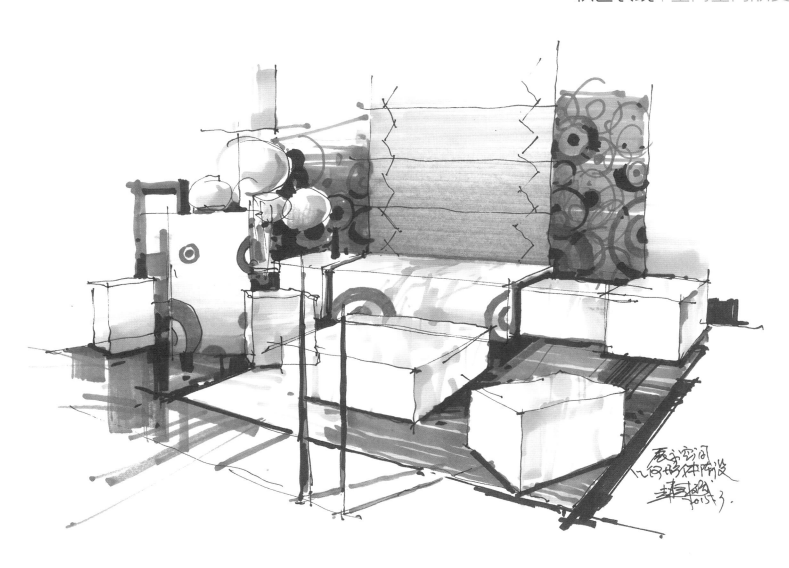

设计感言 THOUGHTS OF DESIGN

　　室内软装设计是环境艺术设计与室内设计专业的一门必修专业课，同时也是家具设计、展示设计、产品设计专业的一门专业选修课。软装可以说是装修的前奏，又是装修的续编。软装设计更能体现出空间使用者的品位和审美素养，是营造室内空间氛围的点睛之笔，它打破了传统的装修行业界限，把家具、灯饰、工艺品、陈设品、布艺、植物等进行重新组合。正因为这样，软装成了大家越来越重视的一项装修。

　　正因为软装的重要性，作为软装的设计师，在工作中必须要懂得以手绘及各种形式来展现空间艺装软配的魅力，能更好地推广空间装饰艺术，加强交流与融合。空间与软装陈设艺术品一体化已成为时尚的潮流，艺术时代需要设计师必须兼备艺术设计与艺术手绘相结合的能力，从而达到"硬软装一体化"的程度。

赵睿
ZHAO RUI

大连纬图建筑设计装饰工程有限公司CEO兼设计总监

个人设计项目
北京煤炭大厦建筑及室内设计
北京安全大厦建筑及室内设计
北京大羊坊四号院建筑规划及室内设计
营口国际酒店建筑改造及室内设计
营口国贸酒店建筑改造及室内设计
葫芦岛食屋建筑和环境改造及室内设计
三亚管宅建筑及室内设计
北京东方华太建筑设计工程有限公司总部室内设计
顺德优越总部厂房及展厅建筑改造及室内设计

室内空间欣赏 | 酒店大堂彩铅手绘图

室内空间欣赏｜酒店大堂彩铅手绘图

酒店大堂彩铅手绘图 | 室内空间欣赏

名师手绘

室内空间欣赏 | 客厅彩铅手绘图

128

客厅彩铅手绘图 | 室内空间欣赏

室内空间欣赏｜酒店卫浴套房彩铅手绘图

酒店卫浴套房彩铅手绘图 | 室内空间欣赏

2010.4.

室内空间欣赏 | 房间

房间 | 室内空间欣赏

2010.3.18

室内空间欣赏 | 房间

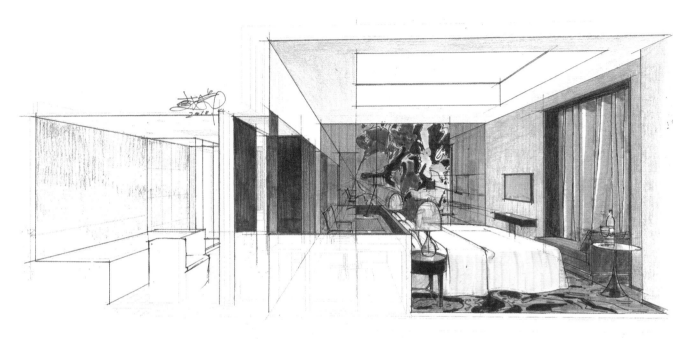

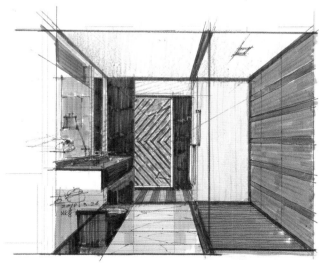

房间｜室内空间欣赏

室内空间欣赏 | 大堂·会议室

大堂·会议室 | 室内空间欣赏

个人设计项目

广州都市桃源水疗 室内设计及监理
广州西塔四季酒店 深化设计及监理
广州世外桃源水疗 室内设计及监理
广州英伦公馆酒店 后期设计及监理
广州东魅国际俱乐部 室内设计及监理
海南三亚金茂丽思卡尔顿酒店
深化设计及监理
北京香格里拉大饭店三期
行政楼层及西餐厅深化设计及监理

伍华君
WU HUAJUN

华君设计有限公司创意总监
广州纬图建筑设计公司
创意总监（双甲）
纯粹设计教育设计顾问

室内空间欣赏 | 大堂

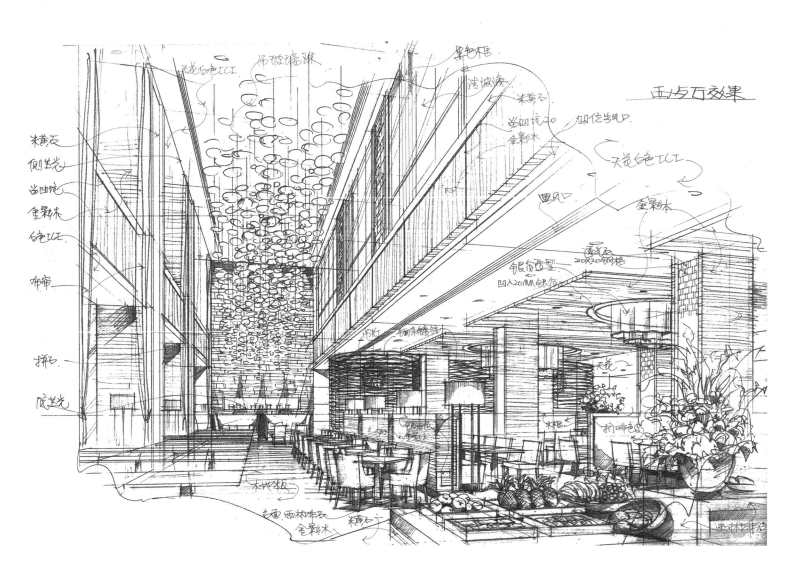

大堂 | 室内空间欣赏

室内空间欣赏 ｜浙江磐安天堂度假酒店

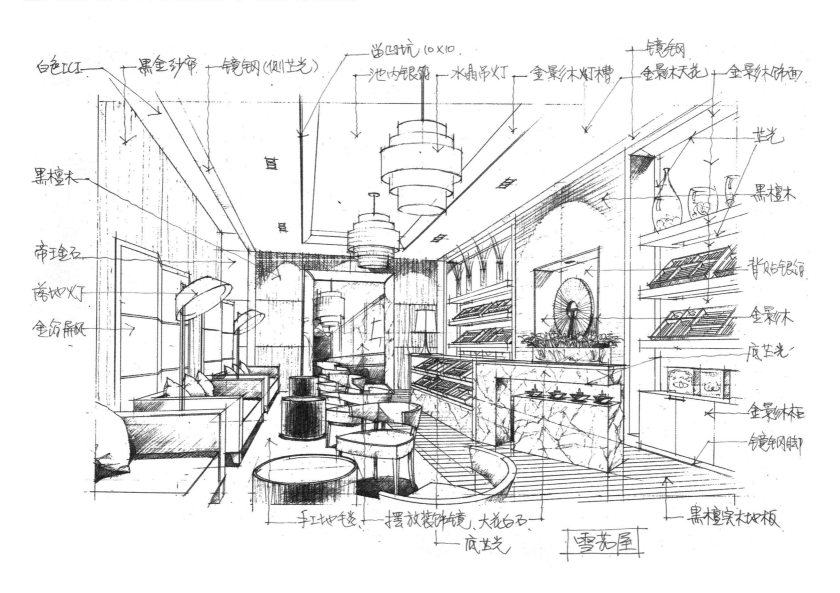

浙江磐安天堂度假酒店 | 室内空间欣赏

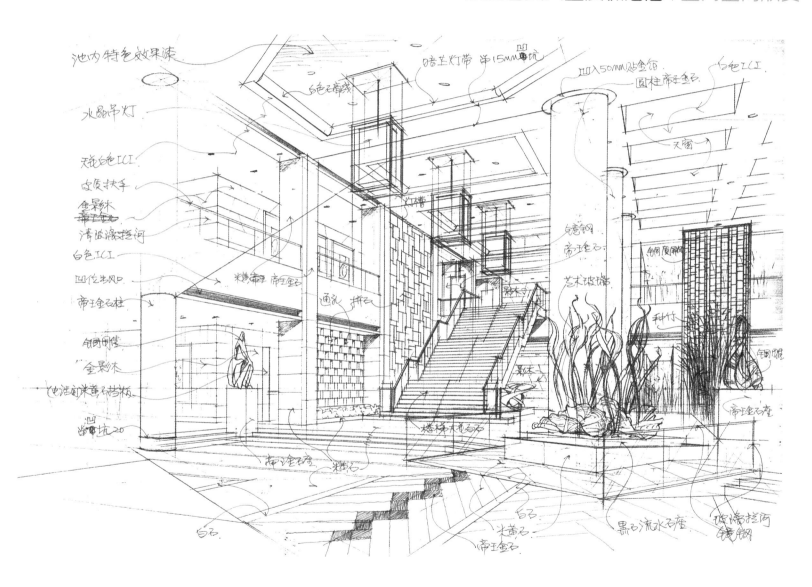

室内空间欣赏 | 北京首都国际机场 T3 航站东楼希尔顿酒店

北京首都国际机场 T3 航站东楼希尔顿酒店 | 室内空间欣赏

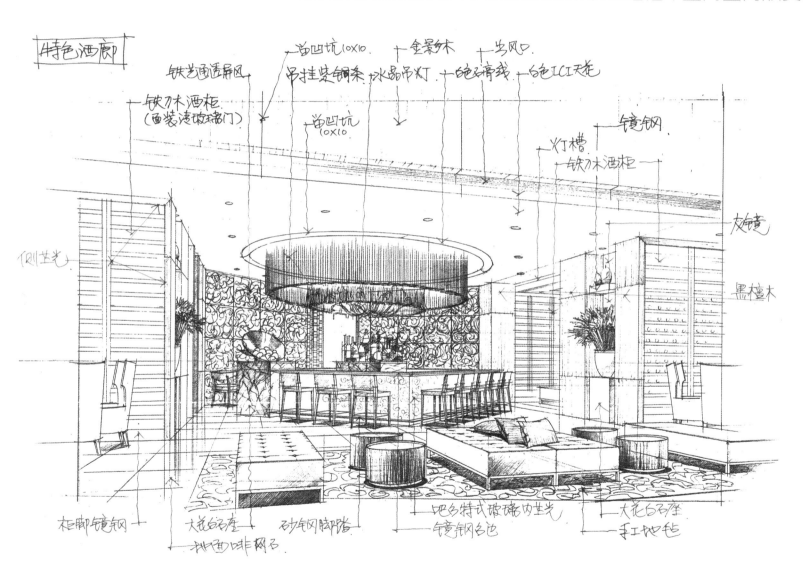

特色酒廊

室内空间欣赏 | 广州东魅俱乐部

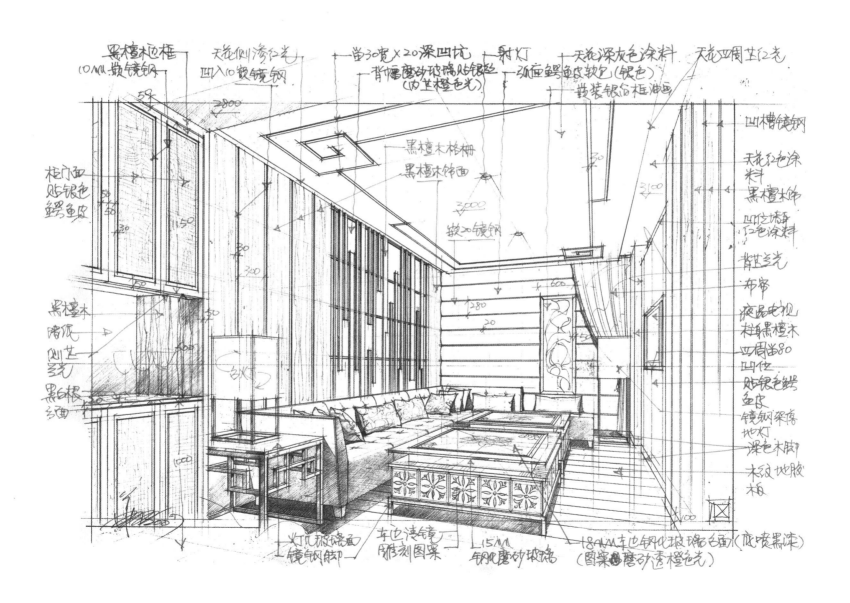

广州东魅俱乐部 | 室内空间欣赏

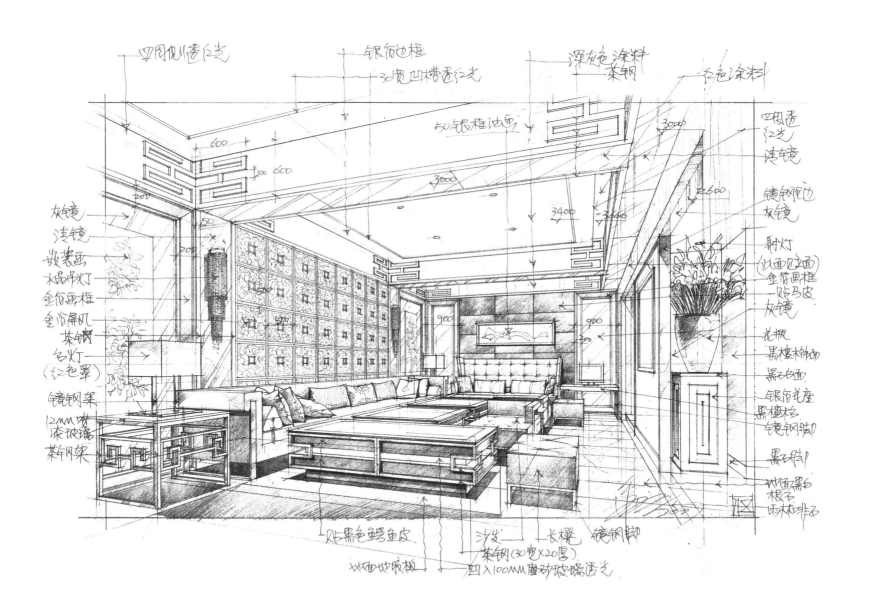

四周做暗藏红光
银箔边框
30宽凹槽透红光
深灰色涂料
茶钢
红色涂料

50银框油画

600
100 600
200
50
200
3000
3400
3400
2600
900
900
300

灰镜
清镜
装装画
水晶吊灯
金箔画框
金箔屏风
茶钢
台灯
(红色罩)
镜钢架
12MM宽
烤玻璃
茶钢架

贴黑色鳄鱼皮
地面地板
沙发 长榻 镜钢脚
茶钢(30宽X20厚)
凹入100MM磨砂玻璃透光

四周透
红光
清镜
镜钢阳边
灰镜
射灯
(此面见通)
金箔画框
贴马皮
灰镜
花瓶
黑檀木饰面
黑台面
银箔花座
黑檀柜
镜钢脚
黑石脚
地面黑石
根石
咖啡色排石

室内空间欣赏 | 广州东魅俱乐部

广州东魅俱乐部 | 室内空间欣赏

室内空间欣赏 | 浙江磐安天堂度假酒店

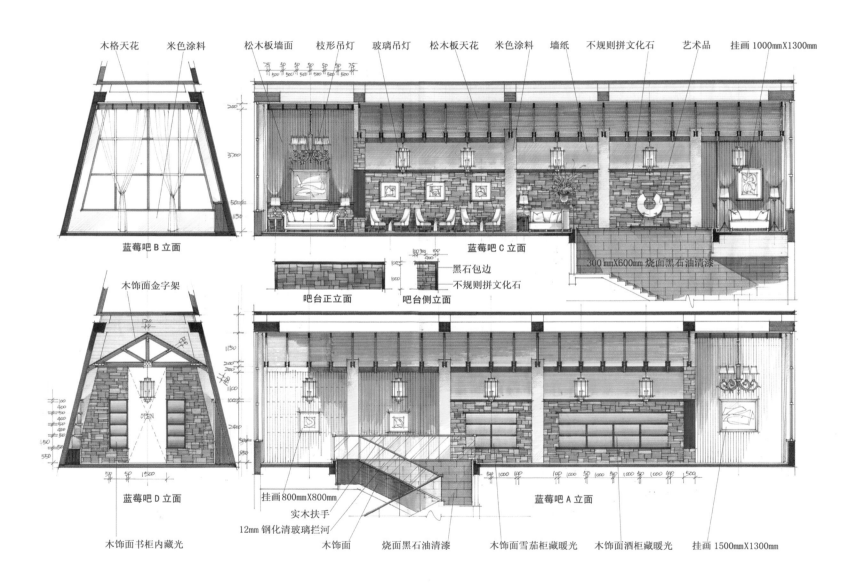

木格天花　米色涂料　松木板墙面　枝形吊灯　玻璃吊灯　松木板天花　米色涂料　墙纸　不规则拼文化石　艺术品　挂画1000mmX1300mm

蓝莓吧B立面

蓝莓吧C立面

300mmX600mm烧面黑石油清漆

木饰面金字架

黑石包边
不规则拼文化石

吧台正立面　　吧台侧立面

蓝莓吧D立面

蓝莓吧A立面

木饰面书柜内藏光

挂画800mmX800mm
实木扶手
12mm钢化清玻璃拦河
木饰面
烧面黑石油清漆
木饰面雪茄柜藏暖光
木饰面酒柜藏暖光
挂画1500mmX1300mm

浙江磐安天堂度假酒店 | 室内空间欣赏

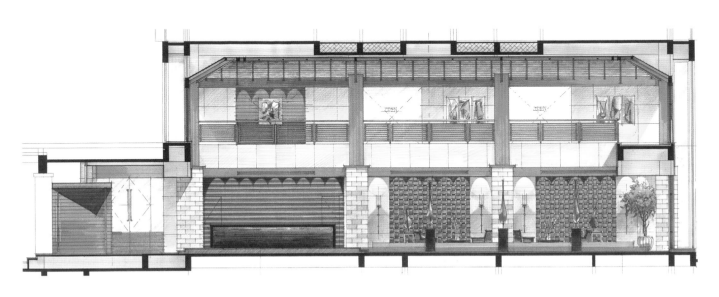

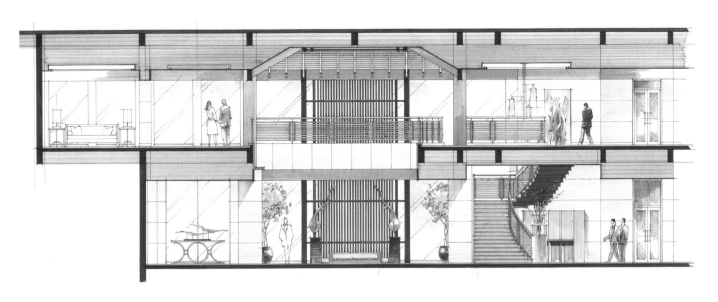

室内空间欣赏 | 南海神话娱乐部

室内空间欣赏 | 南海神话娱乐部

南海神话娱乐部 | 室内空间欣赏

2F 建施效果图

室内空间欣赏 | 南海神话娱乐部

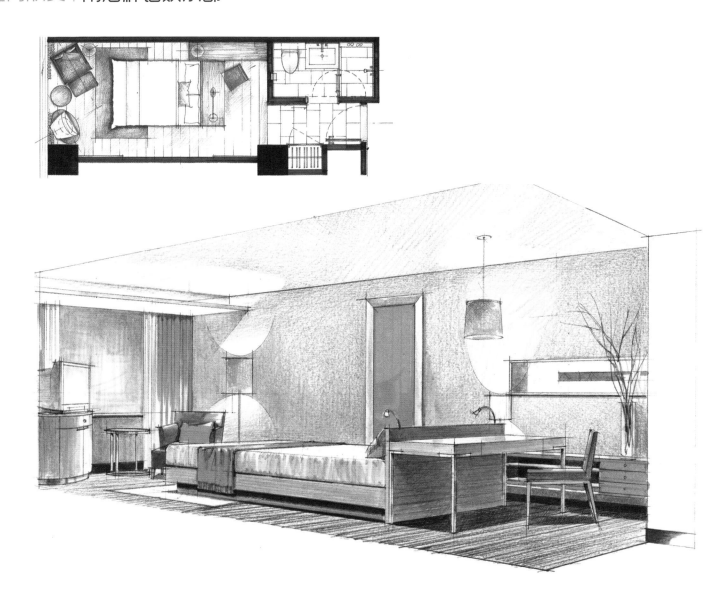

南海神话娱乐部 | 室内空间欣赏

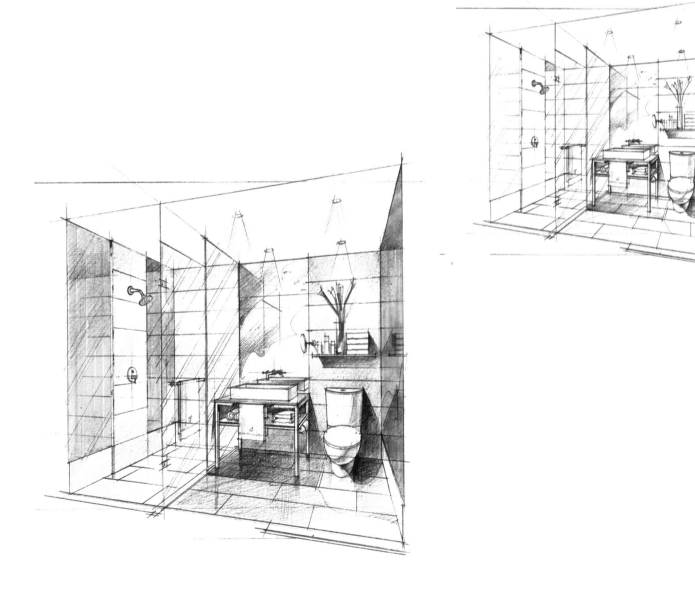

室内空间欣赏 | 南海神话娱乐部

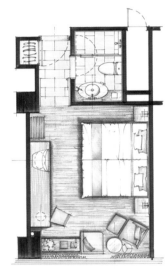

南海神话娱乐部 | 室内空间欣赏

室内空间欣赏｜酒店·大堂入口

伍华君作品

室内空间欣赏 | 酒店 · 大堂

酒店·套房 | 室内空间欣赏